DÉCLENCHE UN ZOOM COSMIQUE ÉPOUSTOUFLANT À TRAVERS L'UNIVERS !
PROVOQUE UN TROU NOIR DANS TA CHAMBRE !
PILOTE UN ÉCLAIREUR DEPUIS TON CANAPÉ !

Édition d'origine :
Texte, maquette et illustration copyright
© Carlton Books Limited 2016

Éditeur : Alexandra Koken
Maquette intérieure et couverture : WildPixel Ltd
Illustrations : Mark Walker
Recherche iconographique : Steve Behan
Production : Charlotte Larcombe
Consultant : Raman Prinja
Application : Digital Magic®

Édition française :
© 2018, Éditions Glénat
Couvent Sainte-Cécile – 37 rue Servan – 38 000 Grenoble
Loi n°49956 du 16 juillet 1949 sur les publications destinées à la jeunesse.

Dépôt légal : octobre 2018
Achevé d'imprimer en Asie en septembre 2018.

Maquette de couverture : Nicolas Galy pour NoOok
Maquette intérieure : Véronique Vagneur

Crédits iconographiques
L'éditeur d'origine remercie les sources suivantes pour leur permission de reproduction :

Welcome to the Universe: (bottom left) Robert Williams and the Hubble Deep Field Team (STScl) and NASA, (top centre) NASA, ESA, G. Illingworth (University of California, Santa Cruz), R. Bouwens (University of California, Santa Cruz and Leiden University), and the HUDF09 Team, (centre right) Lorenzo Comoll, (top right) NASA/ESA/HST
The Solar System - Our Home in Space: (centre right) European Southern Observatory, (right) NASA
The Sun – Our Nearest Star: (top right) NASA
Comets and Asteroids: (left) NASA, (centre) Bodo Marks/EPA/Getty Images, (top centre) Philipp Salzgeber, (right centre) REX/Shutterstock
Our Galaxy – The Milky Way: (left) Bruno Gilli/ESO, (centre) R. Hurt (SSC), JPL-Caltech, NASA MWart, (top right) NASA, (bottom right) NASA, ESA and the Hubble SM4 ERO Team
Other Worlds – Exoplanets: (bottom left) Dr Seth Shostak/Science Photo Library, (double page) NASA Ames/JPL-Caltech/T. Pyle, (top right) Lynette Cook/ Science Photo Library
Galaxies – The Building Blocks of the Universe: (left) ESO/VLT, Judy Schmidt, (bottom) ESA/Hubble and Digitized Sky Survey, (top centre) NASA, (top right) Chris Mihos (Case Western Reserve University)/ESO, (bottom right) NASA
Evolving and Colliding Galaxies: (bottom left) ESA/NASA/Hubble,(centre) ACS Science & Engineering Team, Hubble Space Telescope, NASA, (top right) NASA
Nebular – The Cosmic Lightshow: (bottom left) NASA/JPL-Caltech/STScl, (centre left) Ken Crawford, (centre right) NASA, ESA, HEIC, and The Hubble Heritage Team STScl/AURA, (bottom right) NASA, ESA, J. Hester, A. Loll ASU, (right) The Hubble Heritage Team, AURA/STScl/NASA
A Star is Born: (left, top centre, centre right) Mark Garlick/Science Photo Library, Gemini Observatory/Aura/Lynette Cook/Science Photo Library (right), (right inset) ALMA (ESO/NAOJ/NRAO)
Dying Sothwtars: (left) NASA, ESA, H. Bond (STScl), and M. Barstow (University of Leicester), (bottom left) Oona Räisänen, (top right) ESO/L. Calçada Betelgeuse, (top centre) ESA/Hubble & NASA
Going Supernova - Neutron Stars and Black Holes: (top centre) NASA, ESA, J. Hester, A. Loll (ASU), (bottom centre) NASA/CXC/SAO (X-Ray), (bottom right) NASA/UMass/D.Wang et al, (top right) NASA/CXC/M.Weiss
End of the Universe: (left) NASA/ESA/STScl, H.Richer, UBC, (bottom centre) Carlos Clarivan/Science Photo Library, (right) Mark Garlick/Science Photo Library

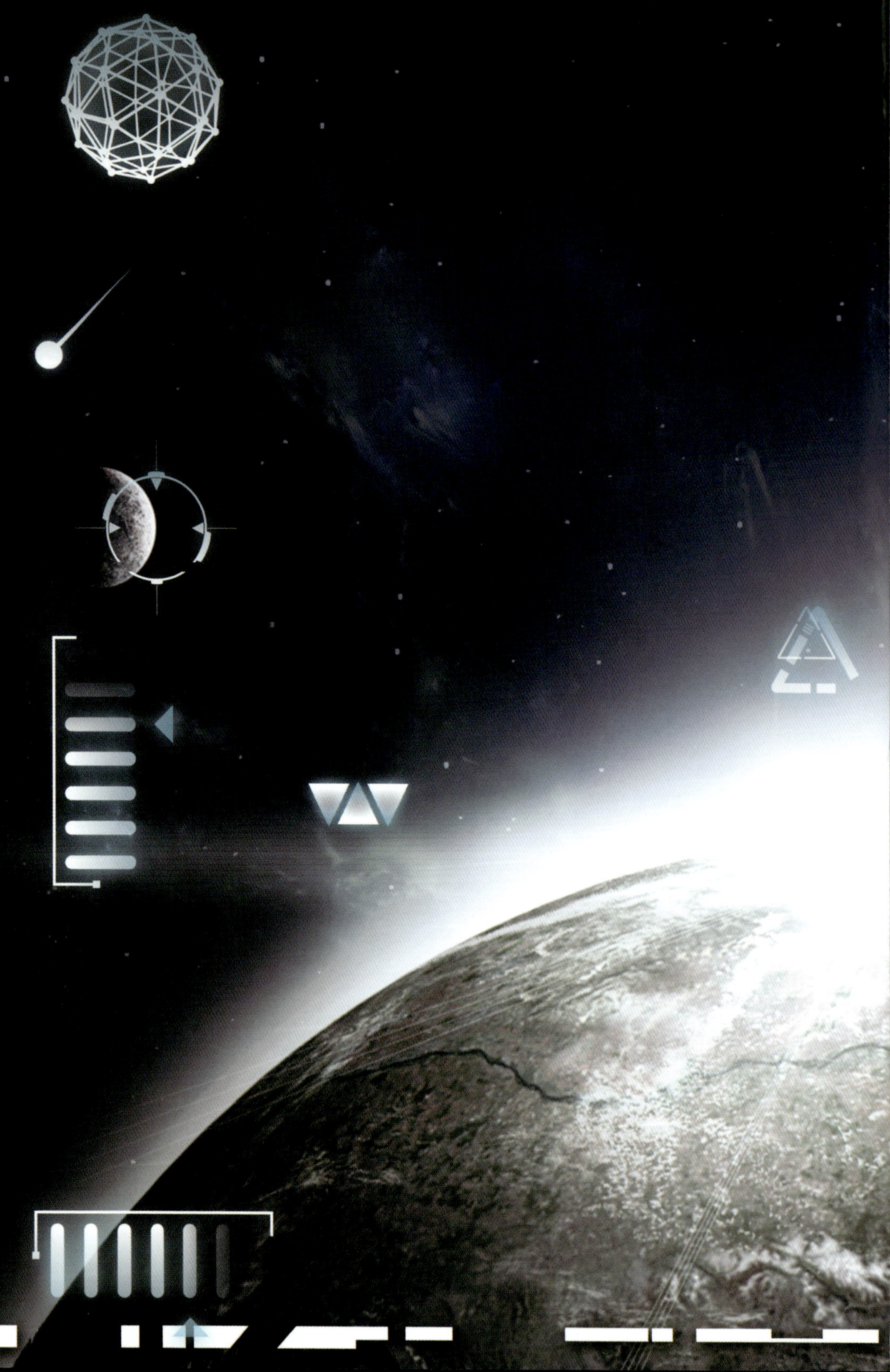

Traduction
Maud Desurvire

L'UNIVERS

PAUL VIRR

Glénat jeunesse

BIENVENUE DANS L'UNIVERS

L'histoire de l'Univers débute dans l'obscurité. Après un voyage de plusieurs millions d'années, la lumière des étoiles finit par nous parvenir. Ces observations à distance nous fournissent de précieux indices sur la façon et l'époque à laquelle s'est formé l'Univers.

ENTRE 0 ET 5 SECONDES
Il y a 13,7 milliards d'années, l'Univers se déploie au cours du Big Bang. La matière, l'énergie, l'espace et le temps sont instantanément créés, de même que des forces comme la gravité et les champs électromagnétiques.

380 000 ANS
Les premiers atomes se forment. La lumière se répand à partir de la matière et l'Univers devient transparent (la lumière traverse alors le vide intersidéral).

9 MILLIARDS D'ANNÉES
Notre Système solaire se construit.

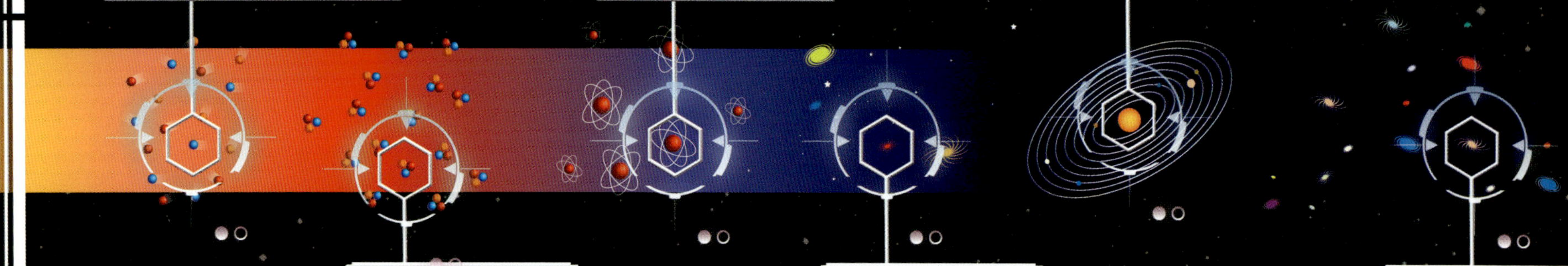

3 MINUTES
À ce stade, et durant 380 000 annéess après le Big Bang, la température de l'Univers est trop élevée pour que les atomes soient stables ou que la lumière brille.

200 MILLIONS D'ANNÉES
Peu à peu, les premières étoiles et galaxies prennent forme à partir de gaz que la gravité a concentrés.

13.7 MILLIARDS D'ANNÉES
L'Univers continue de se développer, plus vite que jamais.

LE BIG BANG

L'Univers englobe l'espace et tout ce qu'il contient : la Terre, notre Système solaire et notre galaxie la Voie lactée, ainsi que des milliards d'autres galaxies, étoiles et planètes. Sa naissance est estimée à 13,7 milliards d'années lors d'une explosion colossale appelée le « Big Bang ». Avant ce phénomène, toute la matière brute de l'Univers était concentrée dans un espace brûlant très dense, plus petit qu'un atome. Cet atome s'est brusquement dilaté, engendrant l'espace, la matière, l'énergie et le temps.

Depuis son orbite autour de la Terre, le télescope spatial Hubble a pris en photo les corps célestes les plus lointains de l'Univers visible.

Les premières étoiles se sont mises à briller il y a environ 200 millions d'années à la suite du Big Bang. Au centre de l'image prise par le télescope Hubble ci-dessus à droite, le point rouge désigne une mini-galaxie qui est l'une des plus anciennes identifiées jusqu'ici.

LA FORMATION DE L'UNIVERS

À la suite du Big Bang, l'expansion de l'Univers s'est poursuivie tandis que sa température a chuté. Environ 380 000 années plus tard, ce refroidissement a ralenti les minuscules particules qui le composaient, assez pour qu'elles fusionnent et génèrent le premier atome stable. Ensuite, la gravité, cette force d'attraction entre les corps ayant une masse, a petit à petit façonné l'Univers. Durant des millions d'années, cette matière éparpillée a convergé sous des formes qu'aujourd'hui nous savons identifier. De larges nuages d'hydrogène se sont densifiés, puis enflammés, formant des étoiles. Attirées les unes vers les autres sous l'effet de la gravité, les étoiles ont ensuite formé des galaxies, qui se sont elles-mêmes regroupées en amas et en superamas galactiques. Ainsi est né un immense réseau qui s'étire depuis à travers tout l'Univers.

Cette image Hubble est la preuve de la présence de matière noire autour d'un amas galactique identifié sous le matricule CL0024+17.

LE CÔTÉ OBSCUR DE L'UNIVERS

Il existe plus de forces à l'œuvre dans l'espace que nous ne pouvons en juger. En fait, toutes les étoiles, galaxies, trous noirs, nébuleuses et autres éléments que nous connaissons ne représentent peut-être que 4 % de l'Univers. Le reste se distingue en deux parties : un type de matière invisible appelé « la matière noire » (23 % de l'Univers) et une étrange force appelée « l'énergie noire » (les 73 % restants).

Des atomes aux galaxies, tout corps est soumis à la gravité, y compris Andromède, la galaxie voisine la plus proche de nous.

L'UNIVERS NAISSANT

La chaleur et l'énergie intenses engendrées par le Big Bang ont laissé derrière elles un rayonnement connu sous le nom de « fond diffus cosmologique ». Des télescopes spéciaux ont été envoyés en orbite pour tenter de le mesurer. La navette Planck, par exemple, est d'une précision telle qu'elle est capable de détecter des variations de température d'à peine quelques millionièmes de degrés. Les données collectées sur ce fond diffus ont été utilisées pour dessiner une carte des températures du ciel et montrer ses infimes variations au commencement de l'Univers. Les points froids révèlent, d'une part, où se trouve la plus grosse densité de matière, et de l'autre, que l'Univers a une forme assez plate.

jEXPLORE

LE TÉLESCOPE HUBBLE

Utilise l'appli pour voir de plus près le télescope spatial Hubble en 3D. Tu découvriras une vue au rayon X !

LE SYSTÈME SOLAIRE : NOTRE MAISON DANS L'ESPACE

La Terre, notre planète, est le point de départ pour tenter de comprendre notre position au sein de l'Univers. Au cours des siècles, nous avons poussé de plus en plus loin notre exploration de l'espace. Depuis les observations des premiers astronomes jusqu'à l'invention des télescopes spatiaux, des atterrisseurs et des sondes, nous continuons à ce jour de repousser les limites de notre savoir à travers l'immensité de l'espace. Mais la région que nous connaissons le mieux est celle qui se situe à proximité du Soleil, l'étoile autour de laquelle nous gravitons. Il s'agit du Système solaire, qui correspond à notre maison dans l'espace.

L'EMPIRE DU SOLEIL

Les corps célestes sont soumis à la force gravitationnelle du Soleil, l'étoile centrale du Système solaire. En plus des huit planètes en rotation autour de lui, le Système solaire comprend toutes les planètes naines, les astéroïdes, les comètes, les poussières interplanétaires, les objets épars et les nuages de gaz qui circulent entre ces planètes. Le Soleil constitue 99,9 % de la masse du Système solaire, ce qui explique sa position centrale de force gravitationnelle. Les planètes occupent une zone qui s'étend jusqu'à 6 milliards de kilomètres de distance du Soleil, mais la totalité du Système solaire mesure environ deux années-lumière, soit 19 000 milliards de kilomètres de large.

EN ORBITE

Autour du Soleil, chaque planète décrit une orbite qui suit la forme d'une ellipse presque circulaire. Cela est dû aux planètes internes qui bougent plus vite que les planètes externes. La Terre est la troisième planète la plus proche du Soleil. Comme sa vitesse moyenne de rotation est de 108 000 km/h, il lui faut un peu plus de 365 jours, soit une année terrestre, pour achever son orbite. La planète naine Pluton, qui évolue à la périphérie du Système solaire, met plus de 248 ans pour effectuer un tour complet.

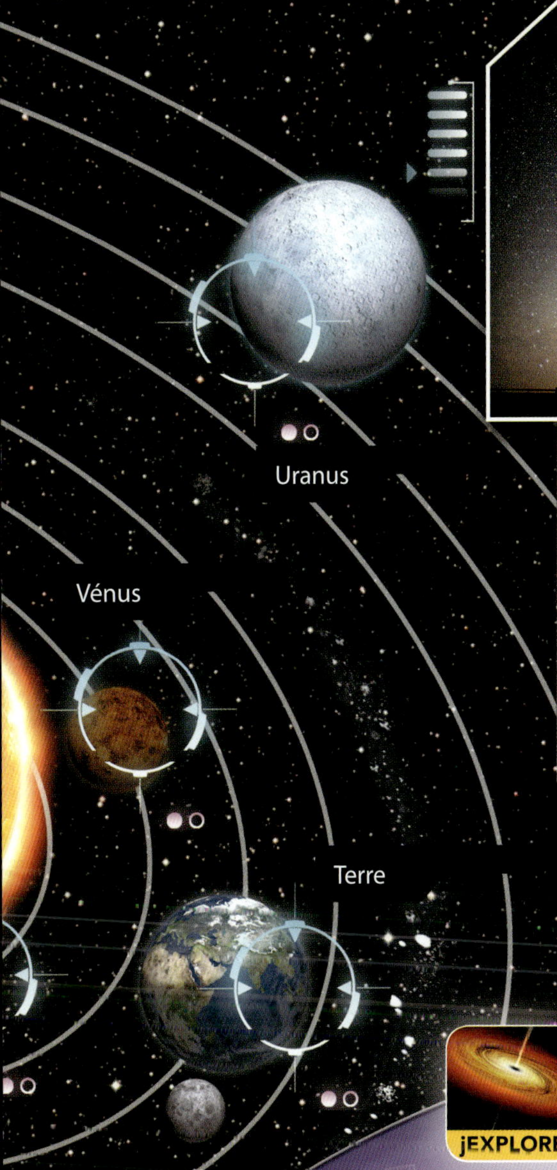

LE SCINTILLEMENT DES PLANÈTES

Les planètes semblent faire de l'ombre à de nombreuses étoiles. Cependant, les planètes n'émettent aucune lumière propre : c'est celle du Soleil qui se réfléchit sur elles et produit cette illusion de scintillement. Les planètes sont plus petites que les étoiles. Si certaines semblent avoir la même taille, c'est parce qu'elles se situent beaucoup plus près de la Terre que des étoiles lointaines.

LES PLANÈTES INTERNES

Constituées de roches et de métaux, les quatre planètes les plus proches du Soleil sont connues sous le nom de « planètes telluriques ». Elles possèdent une surface solide et des atmosphères gazeuses. Ces planètes ont été modelées par des forces géologiques puissantes et leurs surfaces portent les marques d'impacts de météorites.

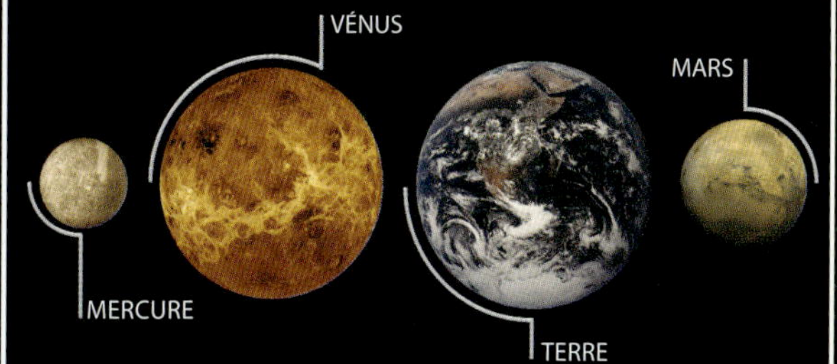

LES PLANÈTES EXTERNES

Au-delà de la ceinture d'astéroïdes se trouvent quatre planètes externes. Comparées aux premières, ce sont des géantes. Jupiter, la plus massive du Système solaire, pourrait contenir plus de 1 000 planètes Terre. À l'instar des autres planètes externes, elle est constituée en majorité de gaz et, en son centre, d'un petit noyau de roche, de métaux et de glace. Chacune possède une atmosphère gazeuse turbulente, ainsi que plusieurs lunes et un système d'anneaux (constitués de petites roches ou de particules de glace.)

jEXPLORE

LE SYSTÈME SOLAIRE

Découvre et compare la taille du Soleil et des planètes de notre Système. Touche chaque planète pour te déplacer et passer à l'image suivante.

LE SOLEIL : L'ÉTOILE LA PLUS PROCHE DE NOUS

Par temps clair, le ciel nocturne est constellé de milliers de petites étoiles scintillantes. Chacune d'entre elles est un Soleil très éloigné dont la lumière a parcouru des distances inimaginables pour parvenir jusqu'à nous. Cependant, de jour, une seule vedette assure le spectacle : le Soleil. C'est l'étoile la plus proche de nous, si bien qu'elle éclipse toutes ses semblables plus éloignées.

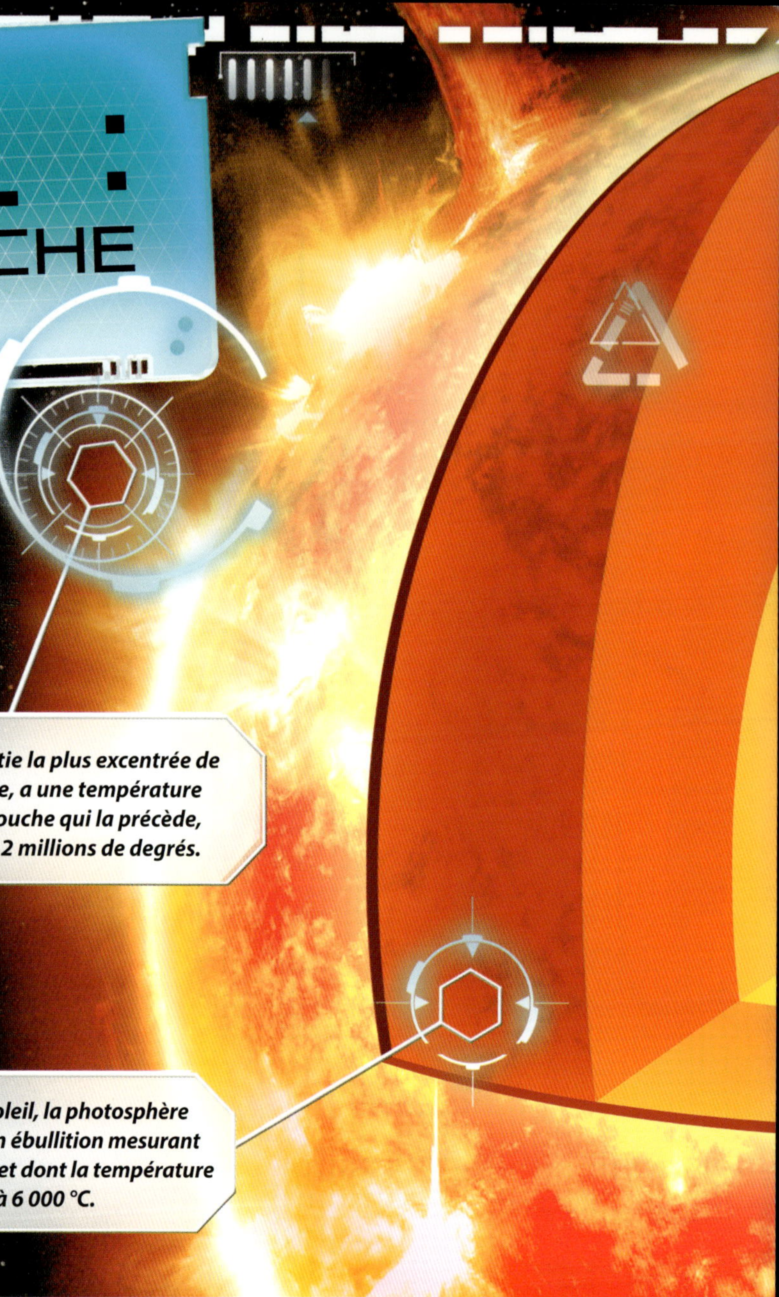

La couronne, la partie la plus excentrée de l'atmosphère solaire, a une température plus élevée que la couche qui la précède, atteignant presque 2 millions de degrés.

Surface externe visible du Soleil, la photosphère est une fine couche de gaz en ébullition mesurant environ 100 km d'épaisseur et dont la température s'élève approximativement à 6 000 °C.

UNE ÉTOILE MOYENNE

Les étoiles sont d'énormes sphères en constante évolution constituées de gaz hypercondensés (comprimés) et hyperchauds. Le Soleil appartient à la famille d'étoiles la plus courante peuplant l'Univers : la séquence principale. Ces étoiles-là sont toutes à un stade équilibré de leur cycle de vie, au cours duquel elles diffusent énergie et lumière à la suite de réactions nucléaires se produisant dans leur noyau. Environ 90 % des étoiles de l'Univers connu relèvent de la séquence principale. C'est le cas de notre Soleil, un astre de taille moyenne à mi-parcours de sa vie. Toutefois, ce n'est qu'une étoile parmi les centaines de milliards qui éclairent notre galaxie, la Voie lactée.

LA LUMIÈRE DU SOLEIL

Les réactions thermonucléaires qui se déchaînent au cœur du Soleil sont alimentées par l'hydrogène qu'il contient et qui se transforme en hélium pour libérer de larges quantités de chaleur et de lumière. Au centre de l'étoile, 600 millions de tonnes d'hydrogène sont ainsi changées en hélium chaque seconde. L'énergie générée peut mettre jusqu'à un million d'années pour remonter en surface. À partir de là, les ondes de lumière mettent environ huit minutes à sillonner l'espace pour atteindre la Terre. Ce sont ces deux sources d'énergie, la lumière et la chaleur du Soleil, qui ont rendu possible la vie sur Terre.

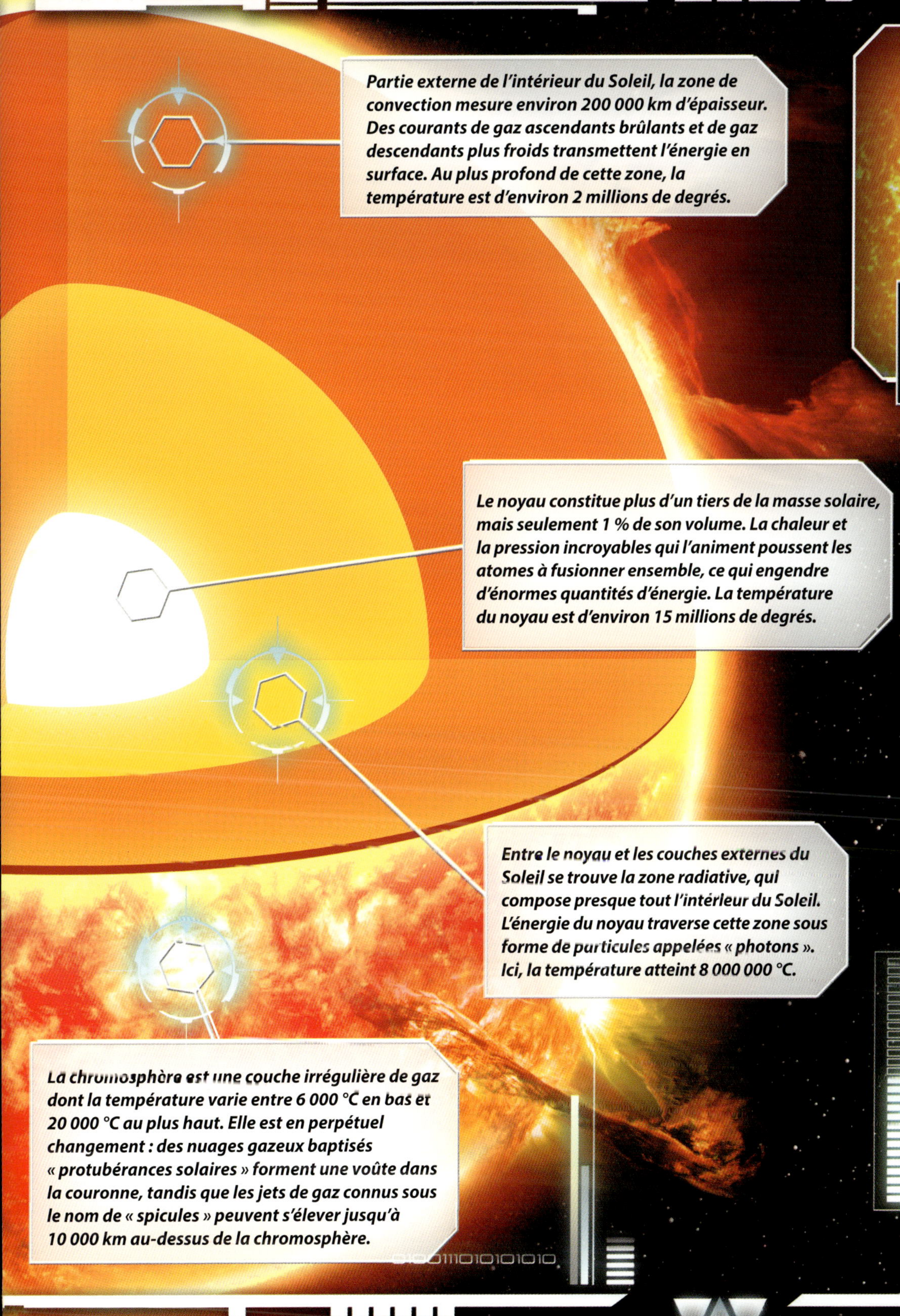

Partie externe de l'intérieur du Soleil, la zone de convection mesure environ 200 000 km d'épaisseur. Des courants de gaz ascendants brûlants et de gaz descendants plus froids transmettent l'énergie en surface. Au plus profond de cette zone, la température est d'environ 2 millions de degrés.

Le noyau constitue plus d'un tiers de la masse solaire, mais seulement 1 % de son volume. La chaleur et la pression incroyables qui l'animent poussent les atomes à fusionner ensemble, ce qui engendre d'énormes quantités d'énergie. La température du noyau est d'environ 15 millions de degrés.

Entre le noyau et les couches externes du Soleil se trouve la zone radiative, qui compose presque tout l'intérieur du Soleil. L'énergie du noyau traverse cette zone sous forme de particules appelées « photons ». Ici, la température atteint 8 000 000 °C.

La chromosphère est une couche irrégulière de gaz dont la température varie entre 6 000 °C en bas et 20 000 °C au plus haut. Elle est en perpétuel changement : des nuages gazeux baptisés « protubérances solaires » forment une voûte dans la couronne, tandis que les jets de gaz connus sous le nom de « spicules » peuvent s'élever jusqu'à 10 000 km au-dessus de la chromosphère.

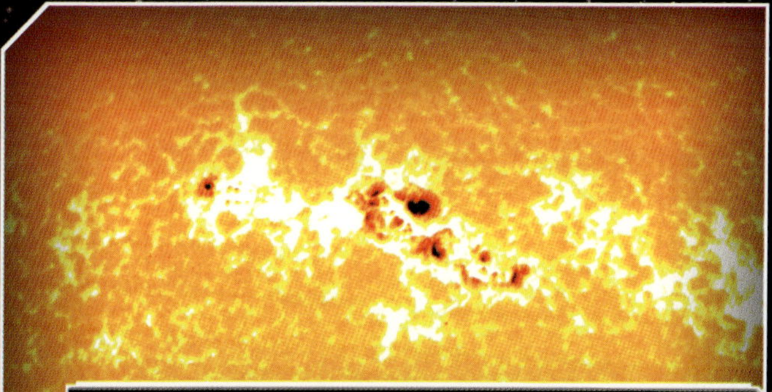

Les taches solaires sont des zones plus froides de la photosphère créées par des champs magnétiques. D'apparence plus sombre, elles apparaissent et disparaissent au cours d'un cycle de onze ans.

LE SOLEIL EN CHIFFRES

ÂGE
Environ 4 550 millions d'années, il est à mi-parcours de son espérance de vie.

TAILLE
Environ 1,4 million de km de diamètre, plus de cent fois la taille de la Terre.

VOLUME
L'équivalent d'un million de planètes Terre.

DISTANCE
À 150 millions de km de la Terre.

COMPOSITION
Environ 90 % d'hydrogène. Le reste est essentiellement de l'hélium. Les autres éléments de sa composition font moins d'1 %.

ROTATION
Le Soleil ne tourne pas comme un ballon rond. Certaines parties pivotent plus vite que d'autres. Par exemple, pour effectuer un tour complet, il faut 25 jours à son équateur et 38 jours aux régions autour de ses pôles.

POSITION
Au centre de notre Système solaire, et à 25 000 années-lumière du centre de notre galaxie.

COMÈTES ET ASTÉROÏDES

L'irrésistible force gravitationnelle du Soleil maintient l'unité de notre Système solaire. De même que les grandes planètes sphériques, des millions de corps célestes plus petits sont retenus en orbite. De formes et de tailles variées, ces gros morceaux de roche et de métal sont connus sous le nom d'« astéroïdes ».

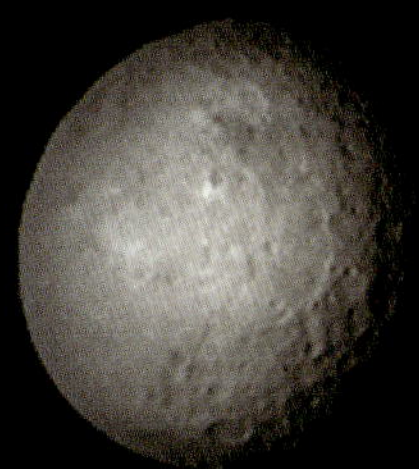

Cérès a le premier corps céleste découvert dans la ceinture d'astéroïdes, mais il ne porte plus ce nom : comme Pluton, on le désigne aujourd'hui comme une planète naine en raison de sa masse et de sa forme plus ou moins sphérique.

LES ASTÉROÏDES

Les astéroïdes sont des résidus issus du Système solaire primitif : ce sont des fragments de métaux et de roches que la pesanteur n'a pas réussi à agglomérer jusqu'à former des planètes. À défaut, ils sont retenus en orbite autour du Soleil. La plupart se trouvent dans la zone en forme de gros donut comprise entre Mars et Jupiter, appelée la « ceinture d'astéroïdes ». Environ 200 000 astéroïdes ont été découverts dans cette zone, mais il en existe peut-être des milliards d'autres. Au cours de leur voyage autour du Soleil, les astéroïdes entrent parfois en collision et se brisent en fragments rocheux encore plus petits.

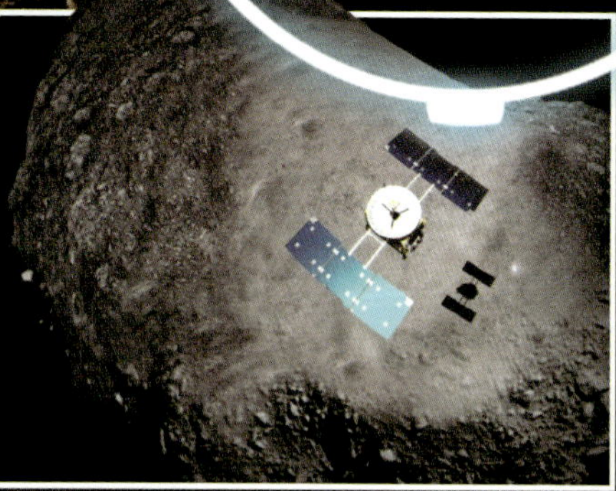

En 2005, la sonde spatiale japonaise Hayabusa s'est posée sur un astéroïde appelé Itokawa. Les échantillons recueillis ont révélé une composition identique à celle des météorites rocheux.

TAILLE ET FORME

La majorité des astéroïdes ont la taille d'un bloc de roche, mais il en existe au moins 100 000 mesurant 20 km de large, et plus d'une centaine de 200 km de diamètre. Plus un astéroïde est massif, plus la force gravitationnelle est en mesure de le façonner pour lui donner une forme sphérique. Vesta est un ballon aplati qui contribue pour 9 % de la masse totale de la ceinture d'astéroïdes. Large de plus de 500 km, sa surface est criblée de cratères d'impact. D'autres astéroïdes massifs sont plus irréguliers. Éros, par exemple, a une forme de pomme de terre et mesure 34 km de large.

LES COMÈTES

Les comètes possèdent un noyau central de résidus rocheux emprisonnés dans de la glace. À mesure que leur orbite les rapproche du Soleil, la chaleur de ce dernier libère les gaz et les poussières contenus dans ces boules de glace. Cela crée autour du noyau un nuage diffus et brillant appelé « chevelure » ou « coma », et une traînée lumineuse appelée la « queue », qui s'étire parfois jusqu'à 100 millions de km derrière la coma. Les comètes décrivent une grande orbite elliptique, et certaines voyagent pendant des centaines de milliers d'années avant de frôler la Terre. Si leurs particules de poussière atteignent notre atmosphère, elles se désintègrent sous forme d'averse météorique.

Si le noyau d'une comète mesure parfois presque 10 km de large, sa chevelure de poussières et de gaz peut s'étirer jusqu'à un million de kilomètres.

MÉTÉORES ET MÉTÉORITES

On appelle souvent les vifs traits de lumière traversant la nuit comme des flèches des étoiles filantes. Mais ces traînées lumineuses sont en réalité des météores : de petites roches célestes qui s'embrasent, en raison de la chaleur produite par friction au moment de leur entrée dans notre atmosphère. Certains météores ne se consument pas entièrement et percutent la surface de la Terre : on les appelle des météorites. Ce sont des vestiges d'astéroïdes ou (plus rarement) des résidus de comètes, de lunes ou de planètes.

Le 15 février 2013, un géocroiseur d'environ 12 000 tonnes a pénétré l'atmosphère terrestre au-dessus de Chelyabinsk en Russie. Cette boule de feu géante a traversé le ciel à toute vitesse avant de se désintégrer à 30 km du sol.

LES ASTÉROÏDES GÉOCROISEURS

La majorité des astéroïdes tournent autour du Soleil en suivant une trajectoire en ovale, mais certains ont une orbite qui les entraîne au-delà de la ceinture d'astéroïdes. Un bon nombre d'entre eux, appelés des « troyens », orbitent à la même distance que Jupiter. D'autres groupes tournoient à l'intérieur du Système solaire, ce qui les mène parfois au voisinage de la Terre. Il existe environ 13 000 objets géocroiseurs que les astronomes surveillent de près. Une collision avec un gros astéroïde serait désastreuse pour notre planète !

jEXPLORE

SONDE SPATIALE

Utilise le bouton rouge pour manœuvrer ta sonde et atterrir sans encombre sur un astéroïde en dehors du Système solaire ! Surveille la zone de sécurité en vert et ta vitesse à gauche de l'écran.

010011101010101010

NOTRE GALAXIE : LA VOIE LACTÉE

Notre Soleil et ses planètes en orbite ne sont qu'une infime partie d'un vaste système appelé « une galaxie ». La nôtre porte le nom de « Voie lactée ». C'est un immense disque en spirale regroupant des milliards d'étoiles, d'innombrables planètes, des lunes et de gigantesques nuages de poussières et de gaz qui tournoient tous ensemble.

La nuit, une grande bande blanchâtre s'étire dans le ciel. C'est la vue qui nous apparaît depuis la Terre de l'un des bras spiraux orienté vers le centre de la Voie lactée.

La Voie lactée existe depuis environ 13,6 milliards d'années. Certaines de ses plus vieilles étoiles sont sans doute aussi anciennes que l'Univers lui-même.

NOTRE POSITION DANS LA VOIE LACTÉE

Notre Soleil et son Système se situent à environ 25 000 années-lumière du centre de la Voie lactée. Si nous pouvions faire un zoom arrière pour observer notre galaxie depuis l'espace, nous distinguerions un noyau central lumineux entouré de bras courbes qui se déploient en spirale. Ces bras sont des zones constituées d'étoiles plus jeunes et plus brillantes. Dans l'intervalle, des zones plus sombres retiennent des étoiles plus faibles et d'énormes nuages de gaz et de poussières.

UNE GALAXIE SPIRALE

La Voie lactée contient entre 200 et 400 milliards d'étoiles. Son disque mesure 100 000 années-lumière d'un côté à l'autre, mais seulement quelques centaines d'années-lumière d'épaisseur. Au centre se trouve un trou noir supermassif, une intense concentration de masse qui forme apparemment le noyau de la plupart des galaxies. La Voie lactée tourne autour de ce centre, y compris notre Système solaire qui gravite à une vitesse d'environ 800 000 km/h. Le Soleil met environ 225-250 millions d'années pour effectuer un tour complet du centre de la galaxie.

UN HALO SOMBRE

De même qu'elle maintient l'unité du Système solaire, la force gravitationnelle lie notre galaxie en une masse tournoyante. Au centre, un bulbe d'environ 10 000 années-lumière de diamètre entoure le noyau galactique. Il contient une grande quantité d'étoiles, de poussières et de gaz agglutinés. À la périphérie de la galaxie, la force gravitationnelle est plus faible et se réduit en nuages de gaz.

Ce bulbe galactique est lui-même entouré d'un halo sphérique constitué de vieilles étoiles, qui forment environ 200 groupes astraux appelés des « amas globulaires ». Il n'y a ni poussières ni gaz dans ce halo, et moins d'étoiles que dans le reste de la Voie lactée. Les scientifiques estiment qu'il fait peut-être partie d'une gigantesque sphère de matière noire dans laquelle la galaxie entière serait intégrée. Au moins 90 % de la masse de notre galaxie pourrait être de la matière noire. Les forces gravitationnelles de cette mystérieuse matière invisible permettent peut-être de maintenir l'unité de la galaxie.

Le renflement au cœur de la Voie lactée comprend des amas d'étoiles tels que l'amas des Arches, situé à 100 années-lumière du centre. Parmi elles se trouvent environ 135 étoiles géantes, toutes bien plus grosses que notre Soleil.

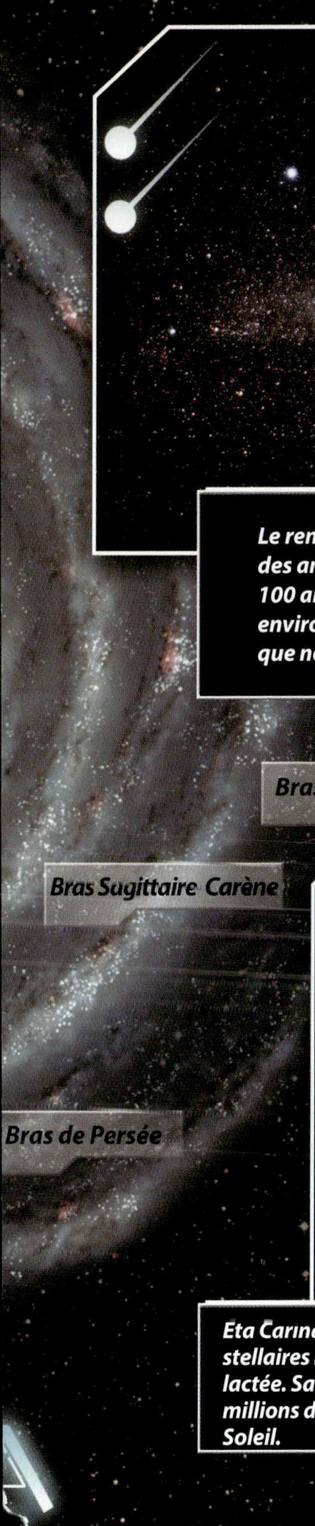

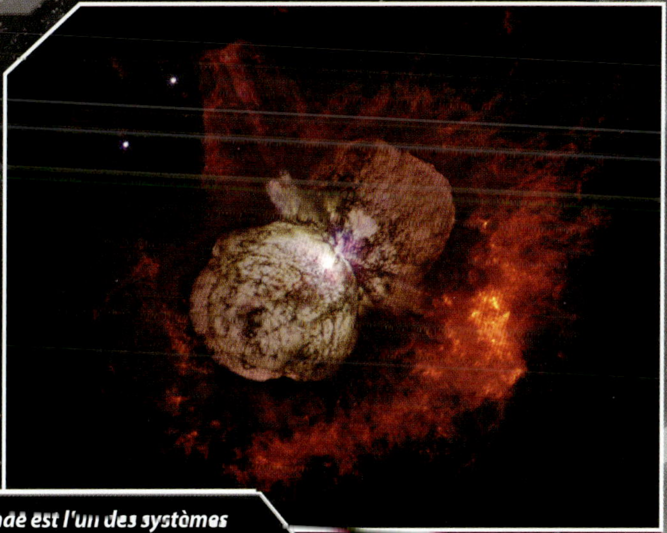

Eta Carinae est l'un des systèmes stellaires les plus lumineux de la Voie lactée. Sa luminosité est presque cinq millions de fois supérieure à celle du Soleil.

ZOOM COSMIQUE

Sillonne l'Univers grâce à cette incroyable vue à 360 ° ! Appuie sur le bouton pour te déplacer et utilise le zoom pour te rapprocher ou t'éloigner de la Terre.

D'AUTRES MONDES : LES EXOPLANÈTES

La Terre est l'une des huit planètes gravitant autour du Soleil. Il existe sans doute des milliards d'autres planètes en dehors de notre Système solaire, autour des centaines de milliards d'étoiles de la Voie lactée et au-delà. On désigne ces mondes lointains par le nom « d'exoplanètes ».

Certaines exoplanètes, comme Kepler-452 b, gravitent à la même distance de leur étoile que la Terre de notre Soleil. Cela laisse penser qu'une forme de vie existe peut-être là-bas…

EN QUÊTE DE NOUVEAUX MONDES

Durant des milliers d'années, les astronomes ne pouvaient qu'imaginer l'existence d'exoplanètes. Il était fort probable que des étoiles lointaines évoluent au centre de leurs propres systèmes solaires et que des planètes gravitent autour, mais étant donné leur distance, elles étaient impossibles à détecter. Cependant, grâce au développement de nouvelles technologies, la quête de nouveaux mondes a pu commencer. En 1992, trois planètes tournant autour d'une étoile morte – ce qu'on appelle un « pulsar » – furent identifiées. Puis, en 1995, la découverte d'une exoplanète gravitant autour d'une étoile vivante similaire au Soleil fut rendue publique. Baptisé 51 Pegasi b, ce monde extraterrestre n'était que le premier des plus de 1 900 exoplanètes détectées depuis.

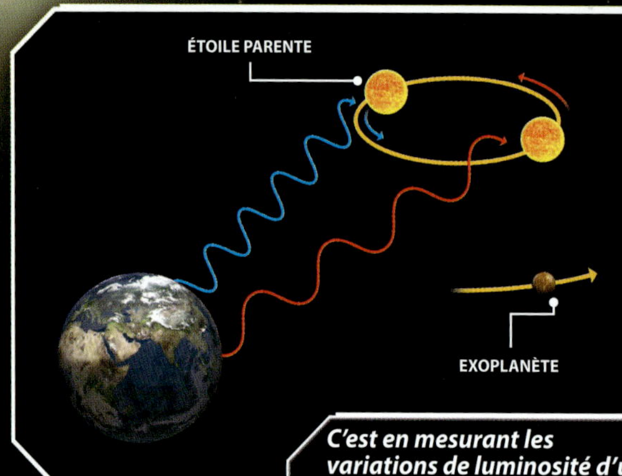

C'est en mesurant les variations de luminosité d'une étoile que les astronomes déterminent qu'une planète est en orbite autour.

51 Pegasi b est une planète extrasolaire mesurant à peu près la moitié de la taille de Jupiter. Cette géante gazeuse gravite si près de son étoile parente qu'une année sur cette planète (la durée de son orbite complète) équivaut à tout juste 4,5 jours sur Terre.

LA DÉTECTION DES EXOPLANÈTES

Même avec les plus puissants de nos télescopes, les exoplanètes sont trop éloignées pour qu'on les détecte. Néanmoins, des instruments sensibles permettent aux scientifiques de repérer leur présence en observant l'effet produit sur la lumière des astres autour desquels elles gravitent. Ainsi, une exoplanète peut se trahir lorsqu'elle passe devant une étoile parente, car elle en diminue la luminosité. La force gravitationnelle d'une exoplanète peut aussi influer sur la trajectoire d'une étoile et lui faire suivre une orbite indépendante. L'étoile en question donne alors l'impression d'osciller, et la lumière qu'elle émet vers la Terre semble fluctuante.

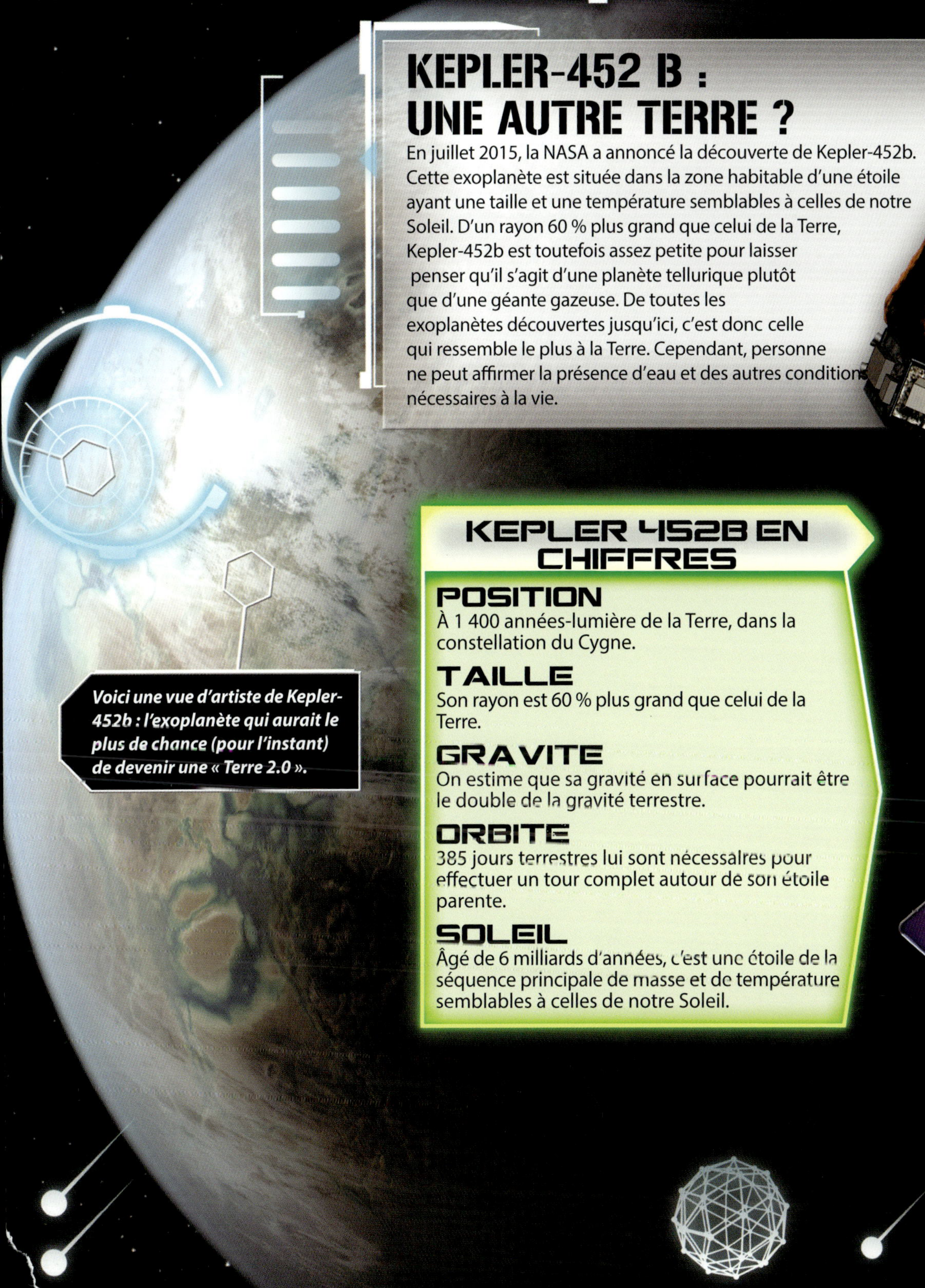

KEPLER-452 B : UNE AUTRE TERRE ?

En juillet 2015, la NASA a annoncé la découverte de Kepler-452b. Cette exoplanète est située dans la zone habitable d'une étoile ayant une taille et une température semblables à celles de notre Soleil. D'un rayon 60 % plus grand que celui de la Terre, Kepler-452b est toutefois assez petite pour laisser penser qu'il s'agit d'une planète tellurique plutôt que d'une géante gazeuse. De toutes les exoplanètes découvertes jusqu'ici, c'est donc celle qui ressemble le plus à la Terre. Cependant, personne ne peut affirmer la présence d'eau et des autres conditions nécessaires à la vie.

Lancée en 2009, la mission Kepler est dotée d'un télescope spatial avec des détecteurs photométriques qui surveillent la luminosité des étoiles. Après avoir recensé plus de 2 300 exoplanètes confirmées, Kepler cherche depuis des exoplanètes de plus petite taille similaires à la Terre.

Voici une vue d'artiste de Kepler-452b : l'exoplanète qui aurait le plus de chance (pour l'instant) de devenir une « Terre 2.0 ».

KEPLER 452B EN CHIFFRES

POSITION
À 1 400 années-lumière de la Terre, dans la constellation du Cygne.

TAILLE
Son rayon est 60 % plus grand que celui de la Terre.

GRAVITE
On estime que sa gravité en surface pourrait être le double de la gravité terrestre.

ORBITE
385 jours terrestres lui sont nécessaires pour effectuer un tour complet autour de son étoile parente.

SOLEIL
Âgé de 6 milliards d'années, c'est une étoile de la séquence principale de masse et de température semblables à celles de notre Soleil.

EXPLORATEUR D'EXOPLANETE

Utilise le bouton pour piloter un explorateur d'exoplanète dans ta chambre.

LES GALAXIES : PILIERS DE L'UNIVERS

La Voie lactée fait partie des 100 milliards de galaxies existantes à travers l'Univers. Les énormes amas de matière qui les composent sont si éloignés de nous qu'il aura fallu attendre les années 1920 pour les repérer. Grâce au développement de télescopes puissants et au travail d'astronomes tels qu'Edwin Hubble, nous sommes parvenus à isoler des étoiles au milieu de masses lumineuses indistinctes. Aujourd'hui, nous connaissons aussi les déplacements et les interactions de ces galaxies entre elles, dont le regroupement structure à grande échelle notre Univers.

VARIATION DE FORMES ET DE TAILLES

Les centaines de millions d'étoiles de notre Voie lactée sont réunies sous une forme de spirale barrée. Mais il existe d'autres types de galaxies au sein de l'Univers. En fait, les galaxies en spirale barrée constituent sans doute à peine plus d'un quart des galaxies que nous connaissons, alors que les galaxies dites « naines elliptiques » sont les plus fréquentes. Ces dernières sont beaucoup plus petites et ne contiennent que quelques millions d'étoiles rassemblées sous une forme plus ou moins sphérique.

NGC6872 est une galaxie spirale barrée cinq fois plus grande que la Voie lactée. Ses grands bras spiraux forment un large diamètre de 522 000 années-lumière. On estime qu'elle contient des centaines de milliards d'étoiles.

Le Petit et le Grand Nuage de Magellan sont des galaxies naines irrégulières. Ils constituent une partie du groupe local de galaxies, voisin de la Voie lactée.

Les astronomes ont classé les galaxies selon qu'elles possèdent l'une de ces trois formes : spirale, elliptique ou irrégulière. Toutefois, de nombreux exemples brouillent les frontières entre ces modèles qui, en réalité, ne représentent peut-être que différentes étapes de la formation d'une galaxie, et non son résultat final.

La galaxie Messier 101, ou galaxie du Moulinet, se situe à environ 21 millions d'années-lumière de la Terre. Cette image est l'une des plus détaillées que nous ayons d'une galaxie spirale.

La galaxie Messier 87 (ou M87) est une supergéante elliptique contenant un trillion d'étoiles. Étant donné sa forme de sphère, et non de disque aplati, sa masse est 200 fois plus dense que celle de la Voie lactée.

LES GALAXIES SPIRALES

Une galaxie spirale a la forme aplatie d'un disque comprenant des centaines de milliards d'étoiles qui tournent lentement en spirale. Son renflement central et le grand halo sphérique qui l'entoure sont essentiellement constitués d'étoiles anciennes, alors que les bras spiraux rassemblent des étoiles plus jeunes et plus lumineuses. La température de ces étoiles est si élevée qu'elles se consument en émettant des reflets blancs ou bleus. De nouvelles étoiles naissent sur les bords d'attaque des bras spiraux. Elles se forment à partir des gaz et des poussières interstellaires qui s'agitent au sein du disque. Environ deux tiers des galaxies spirales sont, à l'instar de notre Voie lactée, dites « barrées » en raison d'une bande d'étoiles allongée au centre.

LES GALAXIES ELLIPTIQUES

Les galaxies elliptiques se composent surtout d'étoiles plus âgées et moins lumineuses. Contrairement aux spirales, elles n'ont pas de nébuleuses (de nuages moléculaires de gaz ou de poussières) propres à former de nouvelles étoiles. Les grandes galaxies elliptiques sont parfaitement sphériques, alors que celles de plus petite taille ont une forme plus allongée. Comme les galaxies spirales, elles sont entourées d'un halo de matière noire et d'amas d'étoiles sphériques. Les elliptiques comprennent certaines des plus grosses et des plus petites galaxies de l'Univers.

LES GALAXIES LENTICULAIRES ET IRRÉGULIÈRES

En forme de lentille, la galaxie lenticulaire possède un noyau rond et un disque d'étoiles. En revanche, elle n'a ni bras spiraux renfermant de jeunes étoiles ni nuages de gaz interstellaires pour en engendrer de nouvelles. La galaxie irrégulière, elle, semble être encore moins structurée : on dirait une immense vague ou un nuage d'étoiles, voire une version déformée d'autres types de galaxie. Elle contient un mélange d'étoiles jeunes et anciennes, ainsi que des nuages de gaz et de poussières.

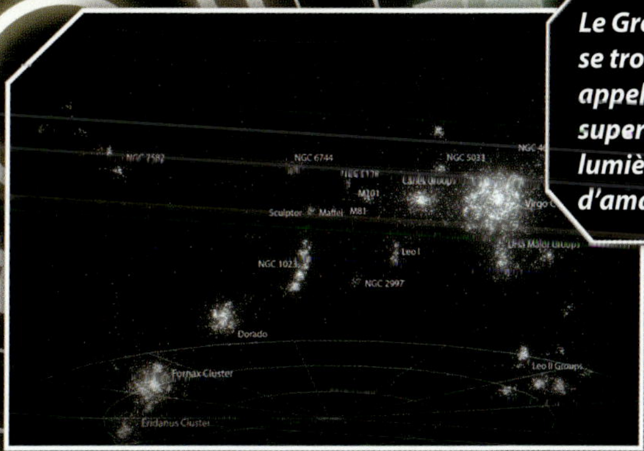

Le Groupe local, dont la Voie lactée fait partie, se trouve au centre d'un superamas local, appelé « le superamas de la Vierge ». D'une superficie de plus de 110 millions d'années lumière, il contient des dizaines de milliers d'amas et de groupes de galaxies.

LES AMAS GALACTIQUES

À travers l'Univers, des galaxies de tout type sont réparties inégalement et indépendamment les unes des autres. Grâce à la gravité, leurs déplacements dans l'espace les rapprochent par paires, groupes ou amas. Entre ces derniers s'étirent de minces nuages d'hydrogène et de matière noire appelés « le milieu intergalactique ». Les amas et groupes de galaxies forment ensuite des superamas et créent de grands chapelets à ramification qui constituent les structures parmi les plus grandes de l'Univers visible connu.

ÉVOLUTION ET COLLISION DE GALAXIES

Voisine de notre Voie lactée, Andromède est une grande galaxie spirale située à environ 2,2 millions d'années-lumière et appartenant au même amas du Groupe local. La distance peut sembler immense, mais vu la taille des galaxies, elle est assez proche de nous. Les amas galactiques sont surchargés et leurs galaxies en perpétuel mouvement, donc les collisions sont fréquentes. D'après les astronomes, ce type d'incident pourrait expliquer les différentes formes de galaxies identifiées dans l'Univers.

Dans le diagramme de Hubble, les galaxies sont classées en fonction de leur forme.

ÉVOLUTION GALACTIQUE

Une des théories sur la formation originelle des galaxies suggère que de grands nuages de matière noire se sont condensés, donnant naissance, au passage, à des étoiles. Cependant, la présence d'étoiles anciennes et de trous noirs – qui ont dû se former peu de temps après le Big Bang – laisse penser de façon plus probable que les galaxies se sont développées en même temps que les étoiles. Ces dernières se sont rassemblées pour former des galaxies irrégulières, qui ont ensuite évolué sous forme de galaxies spirales et elliptiques. Ce schéma d'évolution est confirmé par nos observations de galaxies lointaines. Elles prouvent qu'au tout début de l'Univers, il existait une plus grande proportion de petites galaxies irrégulières qu'aujourd'hui.

Satellite de notre Voie lactée, le Grand Nuage de Magellan est aujourd'hui une galaxie de forme irrégulière, mais sa grande barre centrale laisse penser qu'il s'agissait autrefois d'une spirale barrée. Les forces gravitationnelles de la Voie lactée l'ont peut-être déformée en dispersant ses bras spiraux.

INTERACTION ENTRE GALAXIES

La transformation (l'évolution) des galaxies sous l'effet de collisions ou de la gravité de galaxies voisines dépend de nombreux facteurs, comme la distance moyenne qui les sépare, la matière qui les compose et leurs tailles respectives. Lorsqu'il n'y a pas collision mais qu'elles sont assez proches pour que le champ gravitationnel de l'une perturbe l'autre, on parle d'interaction entre galaxies. En se rapprochant, leur force d'attraction respective entraîne des déformations réciproques, de même que leurs gaz interstellaires peuvent se compresser et déclencher un sursaut de formation d'étoiles.

Cette image montre la collision de deux galaxies à 300 millions d'années-lumière. À l'issue de ce lent processus de fusion, elles ne formeront plus qu'une seule galaxie géante. Les longues traînes d'étoiles et de gaz qui s'étirent derrière chacune d'elles leur valent le surnom de « galaxies des Souris ».

COLLISION DE GALAXIES

L'issue d'une collision de galaxies dépend de leurs tailles, de la vitesse et de l'angle d'impact. Une galaxie de moindre taille peut se déplacer à travers le disque d'une galaxie plus importante et ressortir de l'autre côté en émettant des ondes de choc gravitationnelles qui aboutissent à la naissance de nouvelles étoiles. En revanche, une galaxie plus imposante ne subira que peu de changements. D'autres types de collision entraînent parfois la formation d'une nouvelle galaxie irrégulière.

Dans environ quatre milliards d'années, la Voie lactée et Andromède se réuniront et leurs disques aplatis d'étoiles formeront un angle.

TRAJECTOIRE D'UNE COLLISION

Bien que toutes les galaxies s'éloignent peu à peu les unes des autres à cause de l'expansion de l'Univers, elles demeurent liées par l'importante force gravitationnelle des étoiles et des trous noirs alentour, et par la présence de grandes quantités de matière noire. La combinaison de ces forces provoque parfois des collisions entre galaxies. La Voie lactée et Andromède, par exemple, se déplacent actuellement l'une vers l'autre à une vitesse d'environ 420 000 km/h.

¡EXPLORE

COLLISION DE GALAXIES

Lance la vidéo époustouflante d'une collision entre deux galaxies !

LES NÉBULEUSES : UN SPECTACLE DE LUMIÈRE COSMIQUE

Bien souvent, qui dit espace sidéral dit néant. Toutefois, si elles ne sont pas loin d'être un vacuum complet, les vastes régions interstellaires ne sont pas tout à fait désertes. Elles contiennent une très petite quantité de matière, dont la matière noire, traversée d'ondes de lumière, de radiations diverses et de champs gravitationnels. On estime que la densité moyenne de l'Univers visible est à peu près la même que celle d'un atome d'hydrogène par mètre cube. Cependant, certains des corps célestes les moins denses de l'Univers visible sont aussi parmi les plus grands et les plus colorés : ce sont ces immenses nuages de gaz et de poussières nichés au sein des galaxies que nous appelons des « nébuleuses ».

Éclairée par quatre étoiles massives en son centre, la nébuleuse d'Orion est une de celles en émission les plus lumineuses. Elle est si vaste et si colorée qu'en l'absence de pollution lumineuse, on peut aisément l'apercevoir à l'œil nu, de nuit, sans télescope.

LES NÉBULEUSES LUMINEUSES

Il existe deux types de nébuleuses lumineuses. La première, dite « en émission », désigne une nébuleuse se trouvant à proximité d'une jeune étoile très chaude dont le rayonnement en modifie l'hydrogène et échauffe sa température jusqu'à presque 10 000 °C. Cette combustion alimente les atomes d'hydrogène, de sorte qu'ils deviennent lumineux. Les nébuleuses, composées en grande partie d'hydrogène, émettent généralement une lumière rouge ; mais si d'autres éléments sont présents, elles peuvent aussi produire des reflets tirant sur le vert ou le bleu. Le second type est appelé nébuleuse « par réflexion ». Trop éloignée pour absorber l'énergie d'une étoile puissante et produire sa propre lumière, elle se trouve toutefois à distance suffisante pour que ses particules de poussières microscopiques dispersent la lumière de cette étoile et la réfléchissent comme un miroir géant. Les nébuleuses par réflexion émettent généralement une couleur bleuâtre.

Cette image de la nébuleuse de l'Aigle montre une pépinière d'étoiles connue sous le nom de « Piliers de la Création ». De nouvelles étoiles naissent au sein de ces colonnes d'hydrogène, hautes d'environ cinq années-lumière.

LA LUMINOSITÉ DES ÉTOILES MOURANTES

Les nébuleuses planétaires sont des nuages de matière en forme de planètes rondes. Elles apparaissent lorsqu'une étoile de taille moyenne arrive au terme de son existence. Une fois tout son noyau d'hydrogène consommé, l'étoile gonfle pour devenir une géante rouge. Sa couche externe refroidit et se détache du cœur chauffé à blanc en formant une nébuleuse plus ou moins sphérique. Les nébuleuses planétaires émettent une variété de couleurs issues de la concentration de gaz qui irradient depuis le noyau en fin de vie, appelé alors « naine blanche ». Par ailleurs, la mort d'une étoile bien plus massive provoque parfois une supernova, dont les rémanences forment une nébuleuse diffuse lumineuse.

La supernova ayant engendré la nébuleuse du Crabe en 1054 fut si lumineuse qu'au début, on pouvait l'observer même de jour, et pendant environ deux ans, elle demeura visible, de nuit, à l'œil nu.

LES PÉPINIÈRES D'ÉTOILES

Les nuages de faible densité qui agitent les nébuleuses sont la matière brute à partir de laquelle naissent parfois des étoiles largement plus denses. Ces pépinières d'étoiles émettent souvent de la lumière, d'où leur nom de nébuleuses en émission. En général, on les trouve dans les disques des galaxies spirales.

Les nébuleuses connues depuis un certain temps portent des noms magnifiques, contrairement à celles découvertes plus récemment.

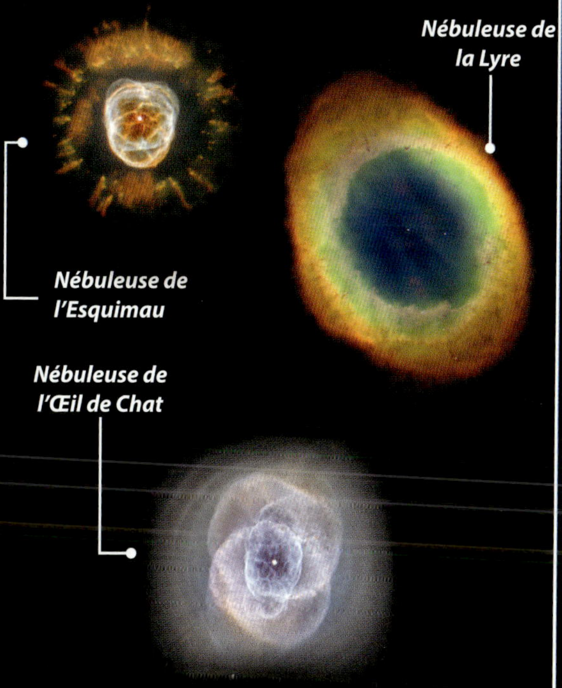

Les nébuleuses planétaires produisent une impressionnante palette de couleurs dans leurs cocons de gaz et peuvent prendre diverses formes, comme le montrent ces exemples.

LA NAISSANCE DES ÉTOILES

Formées à partir des gaz et des poussières en suspension dans les nébuleuses, les étoiles ne naissent pas toutes égales. Selon la quantité et la concentration de matière qui leur donnent vie, elles auront des destins très variés. Les étoiles de forte masse suivent un cycle de vie distinct de celui des étoiles de faible masse, et le terme de leur vie est aussi très différent. Néanmoins, toutes les étoiles voient le jour de la même manière : grâce à l'union de gaz et de poussières dispersés dans la galaxie et à la force motrice de la pesanteur.

Au cours d'un processus dit « d'accrétion », une protoétoile est encerclée par le cocon de gaz qu'elle attire dans son cœur dense. À mesure que la masse et la température du noyau augmentent, la protoétoile instable se prépare à franchir la prochaine étape de son cycle de vie.

AU DÉBUT : LES PROTOÉTOILES

Le cycle de vie de chaque étoile commence dans l'obscurité, au sein des minces nuages froids de gaz et de poussières qui composent les nébuleuses obscures. Il faut très longtemps pour que la matière en suspension dans ces nuages s'effondre et façonne ces boules d'énergie super denses engendrant les étoiles. Notre Soleil a sans doute mis 50 millions d'années pour devenir cette étoile lumineuse de la séquence principale. Le processus commence lorsque la pesanteur se met à concentrer les régions d'une nébuleuse obscure et à les fragmenter en plusieurs coeurs protostellaires très denses. Chaque amas de matière devient un centre gravitationnel, qui absorbe le gaz avoisinant et forme peu à peu une boule tourbillonnante de plus en plus dense et chaude, où la gravité oblige la matière à se contracter jusqu'à la formation d'un noyau appelé une « protoétoile ». Au fil de millions d'années, cette dernière attire davantage de gaz et de poussières. Elle continue de grossir et de se densifier, cachée dans l'épaisse poussière de la nébuleuse obscure.

jEXPLORE

CYCLE DE VIE DES ÉTOILES

Balaye l'écran pour choisir le chemin de vie de ton étoile. Elle finira peut-être en naine blanche ou en étoile à neutrons !

La naine brune ressemble à une planète gazeuse telle que Jupiter, mais elle peut être 75 fois plus grande. Contrairement à une planète, elle émet des rayons. Cependant, une couche générant de la lumière, mais dissimulée par ses nuages, crée des bandes sombres en surface.

LES ÉTOILES MANQUÉES

L'avenir d'une protoétoile est déterminé par la bataille qui se joue entre la gravité qui la pousse à se contracter et la pression exercée par les gaz brûlants qui agitent son centre. Si la masse assemblée par la protoétoile est insuffisante, la pression et la température du noyau ne seront jamais assez élevées pour déclencher une réaction thermonucléaire. C'est pourquoi les protoétoiles de faible masse n'arrivent pas à intégrer la séquence principale. Au lieu de ça, elles se transforment en naines brunes aux reflets rougeâtres sans éclat, souvent enveloppées de nuages, qui masquent leur faible rayonnement.

À mesure qu'elle évolue vers la séquence principale pour devenir une véritable étoile, la jeune variable T Tauri rejette depuis ses pôles des flux continus de gaz appelés « jets bipolaires ».

UNE ÉTOILE EST NÉE

Dans une protoétoile de masse importante, la gravité n'a de cesse d'attirer de plus en plus d'hydrogène. De ce fait, la température au centre augmente et finit par former une étoile variable de type T Tauri fortement instable. La chaleur de ce noyau fractionne les atomes en particules chargées, qui génèrent des champs magnétiques et des décharges chaotiques entraînant de violentes explosions. À mesure que la température et la pression augmentent, l'étoile T Tauri dégage des jets de gaz brûlants depuis ses pôles et dissipe le nuage moléculaire qui l'entoure. Finalement, lorsque le noyau atteint environ 15 000 000 °C, la fusion nucléaire s'enclenche et une étoile voit le jour.

Voici un amas de jeunes étoiles de la séquence principale dans la constellation de la Carène. Ces étoiles sont entourées de nuages de gaz et de poussières, résidus de la nébuleuse dont elles sont issues.

LES RÉMANENTS SOLAIRES : LES PLANÈTES

Tandis que le nuage de gaz et de poussières d'une protoétoile s'effondre, une jeune étoile naît sous la forme d'un disque aplati de matière gravitant autour de cette zone centrale. Une fois qu'elle intègre la séquence principale, les matériaux restants forment un disque protoplanétaire, qui refroidit lentement et se condense en divers éléments. Le vent stellaire, issu des gaz s'échappant de la jeune étoile, repousse les éléments plus légers pour permettre aux plus denses de se rapprocher de l'étoile. Petit à petit, cette matière bâtit un système de planètes en orbite autour de l'étoile. Dans notre Système solaire, les matériaux les plus denses se sont assemblés pour former des planètes telluriques, tandis que des éléments plus légers ont engendré les géantes gazeuses.

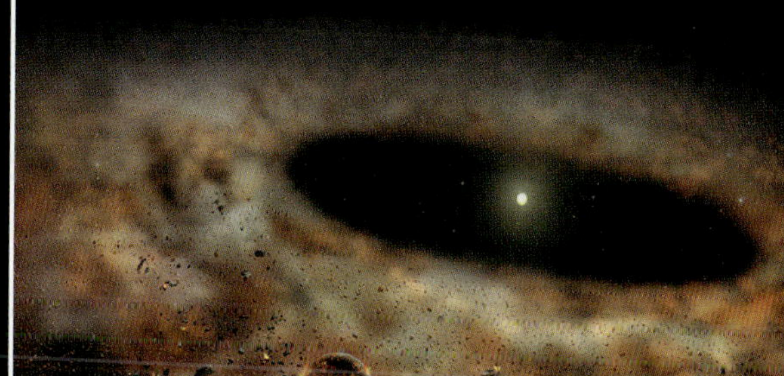

La matière qui compose le disque entourant une jeune étoile se détache lentement en formant des anneaux. Ceux-ci finissent par se regrouper pour constituer des planètes individuelles à partir du gaz et des poussières contenus dans chaque anneau. Cette image montre la jeune étoile HL Tau et les anneaux de son disque protoplanétaire.

LA MORT DES ÉTOILES

Tant qu'il y a de l'hydrogène pour alimenter les réactions nucléaires de son noyau, une étoile de la séquence principale est en mesure de créer assez de pression de rayonnement pour contrer les forces de gravitation qui essaient de la broyer. La vie d'une étoile se déroule de façon stable à 90 % du temps mais, à mesure que son combustible s'épuise, elle entre dans les dernières étapes de son existence, dont l'issue dépendra de sa masse. La mort d'une étoile va de la lente extinction à l'explosion très brutale.

Environ 90 % des étoiles de l'Univers visible appartiennent à la séquence principale. Sirius A, la plus brillante du ciel après le Soleil, ne se situe qu'à un peu moins de neuf années-lumière de la Terre, et appartient aussi à la séquence principale.

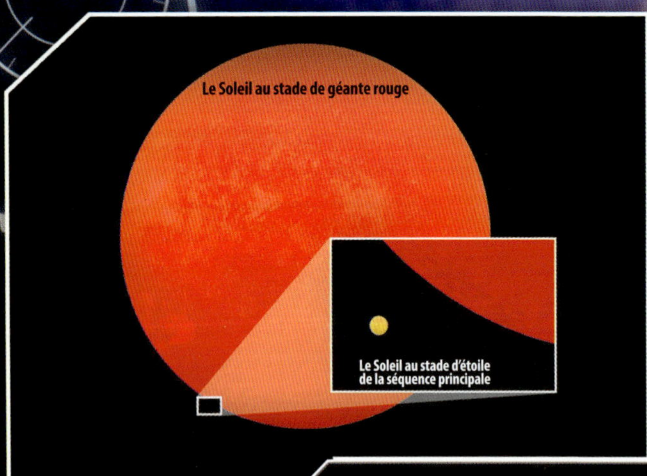

Étoile de la séquence principale de taille moyenne, notre Soleil est à environ mi-parcours de sa vie. Il devrait être stable pendant encore 4 milliards d'années avant de peu à peu se transformer en géante rouge.

LA FIN D'UN SOLEIL

Lorsqu'une étoile de taille moyenne a transformé tout l'hydrogène de son noyau en hélium, ses réactions nucléaires s'arrêtent. Le cœur s'effondre et sa température augmente de plus belle. Cette chaleur dilate l'enveloppe gazeuse externe de l'étoile, qui devient alors plus froide et plus rouge. Ce faisant, la chaleur accrue du noyau donne le coup d'envoi à la fusion de l'hydrogène dans l'enveloppe gazeuse. Cette combustion gagne du terrain, l'hydrogène des couches externes se consume et l'étoile gonfle pour devenir une géante rouge. Le noyau finit par être assez chaud pour fusionner son hélium en carbone et expulser ses couches externes, qui se déploient en nébuleuse planétaire. Suite à ce dernier sursaut d'énergie, l'étoile devient une naine blanche lumineuse, qui se refroidit lentement durant des milliards d'années avant de s'éteindre peu à peu sous la forme d'une naine noire.

LES ÉTOILES DE FAIBLE MASSE

Durant leur passage dans la séquence principale, les étoiles de faible masse consument l'hydrogène beaucoup plus lentement. Ainsi, elles peuvent briller pendant des centaines de milliards d'années, mais elles sont plus froides et beaucoup moins lumineuses que les étoiles solaires. Quand leur noyau a consumé tout son hydrogène, elles se rabattent sur celui contenu dans leurs couches externes. Cependant, lorsque toutes les réserves en hydrogène sont épuisées, elles sont incapables de produire assez de chaleur ou de pression dans leur noyau pour utiliser l'hélium comme combustible de rechange. Après une courte période de dilatation, elles s'effondrent, se rétractent, et se transforment finalement en naines noires très ternes.

Proxima du Centaure est l'étoile connue la plus proche du Soleil, mais c'est une naine rouge de faible masse, trop pâle pour être visible de nuit à l'œil nu. Les naines rouges de faible masse sont les étoiles les plus courantes de notre galaxie, la Voie lactée.

Bételgeuse est une supergéante rouge 1 000 fois plus grosse que le Soleil et 100 000 fois plus lumineuse. C'est une étoile ancienne, en fin de vie, et étant donné sa masse colossale, il est probable qu'elle explose en supernova d'ici un million d'années.

MORT D'UNE GÉANTE

Avec autant d'hydrogène à leur disposition, les étoiles de masse élevée émettent une lumière bleue ardente, qui s'avère parfois un million de fois plus brillante que celle du Soleil. Ces étoiles sont gigantesques, jusqu'à dix fois plus grandes que notre Soleil, mais leur taille et leur plus grande réserve en combustible ne leur permettent pourtant pas de vivre plus longtemps. Le noyau d'une grosse étoile doit créer de l'énergie plus rapidement afin de contrer la force gravitationnelle encore plus puissante qui la comprime. Ce type d'étoile a donc plus d'hydrogène, mais qu'elle doit utiliser plus vite.

Quand elle a épuisé son stock d'hydrogène, l'étoile de forte masse se dilate pour former une supergéante rouge. Elle consume l'hydrogène de son enveloppe externe jusqu'à son effondrement. La température produite dans le noyau rend alors possible la fusion de l'hélium en carbone, ainsi qu'un ensemble d'éléments plus lourds produits à leur tour, jusqu'à ce que le noyau finisse par se transformer en fer et que toute fusion devienne impossible. Sous l'effet de la pesanteur, le noyau s'effondre sur lui-même en moins d'une seconde. Sa température grimpe à 10 000 000 000 °C, elle fragmente le noyau de fer dans la partie centrale en petites particules, et provoque une énorme explosion de lumière et d'énergie appelée « supernova de type II », qui laisse parfois place à un trou noir.

APPARITION DE TROU NOIR

Déclenche un trou noir dans ta chambre !

LE DEVENIR DES SUPERNOVAS : ÉTOILES À NEUTRONS ET TROUS NOIRS

La majorité des étoiles, environ 95 %, sont destinées à devenir une naine blanche, qui émettra le peu d'énergie qu'il lui reste avant de s'éteindre lentement dans la nuit. Mais les étoiles massives, elles, ont pour habitude de tirer leur révérence en fanfare. Lorsqu'une étoile de forte masse meurt, elle s'effondre sur elle-même, déclenchant une immense explosion d'énergie et de lumière appelée la « supernova ». Plus lumineux que des milliards de soleils réunis, ce dernier sursaut d'énergie peut durer des mois et éclipser tout ce qui l'entoure dans la galaxie.

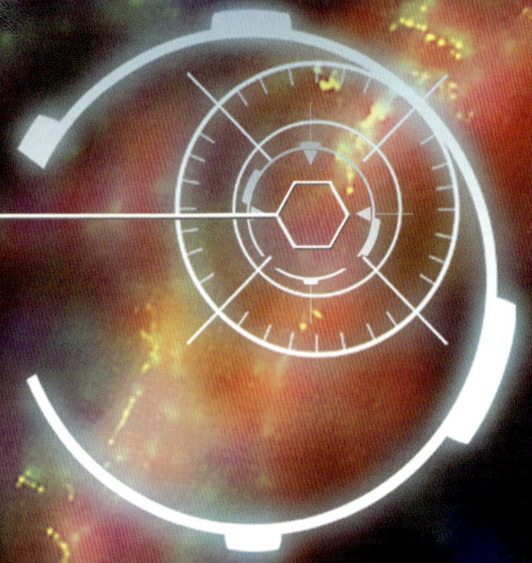

L'effondrement final d'une étoile massive et la violente explosion en supernova qui s'ensuit engendrent parfois la création d'une étoile à neutrons ou d'un trou noir.

SPECTACULAIRES SUPERNOVAS

Il existe deux grands types de supernova. Le premier a lieu dans un système stellaire binaire, où une naine blanche et une étoile géante gravitent autour du même point dans l'espace. La plus petite se met à absorber la matière de sa voisine plus grande, jusqu'à ce qu'elle devienne instable et explose en supernova de type I. Une supernova de type II se produit chez une étoile solitaire en fin de vie, quand celle-ci n'a plus de combustible et ne peut plus empêcher son noyau de s'effondrer sous la pression de la force gravitationnelle.

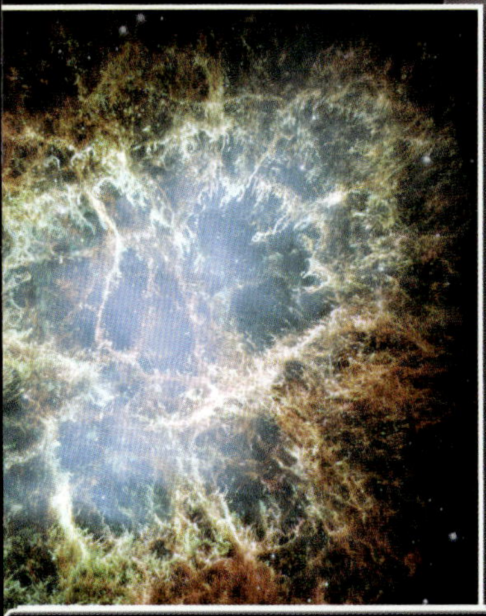

La nébuleuse du Crabe est un rémanent de supernova : une enveloppe de gaz et de poussières résultant de l'explosion en supernova d'une étoile massive en fin de vie. Ce nuage de débris stellaires favorise peut-être la création de nouvelles étoiles.

RÉPERCUSSIONS

Les phénomènes de supernova provoquent une onde de choc, qui propage des débris stellaires dans l'espace en créant tout autour un nuage protecteur. Ce cocon de gaz et de poussières contient des éléments plus lourds forgés au cœur de l'étoile. Presque tout l'Univers est constitué d'éléments simples comme l'hydrogène et l'hélium : les supernovas jouent donc un rôle majeur dans la dispersion à travers l'Univers d'éléments plus complexes tels que les métaux. Éjectés dans le milieu interstellaire, ces éléments se mêlent ensuite à la matière à l'origine des nouvelles étoiles et planètes. La Terre elle-même contient des éléments forgés dans les noyaux d'une ou plusieurs grosses étoiles en fin de vie.

Les trous noirs sont inobservables, toutefois nous pouvons les détecter à la façon dont ils influent sur leur environnement immédiat : distorsion de la lumière émise à proximité, vacillements dans le mouvement d'étoiles ou de planètes, et même attraction d'étoiles géantes en leur sein.

LES TROUS NOIRS

Lorsqu'une étoile massive – une étoile dont la masse est au moins trois fois supérieure à celle du Soleil – explose en supernova, les résidus de son noyau s'effondrent jusqu'à ce que toute sa matière soit compressée en un point unique d'une densité exceptionnelle, connue sous le nom de « singularité gravitationnelle ». Cette intense concentration de masse s'entoure d'un champ gravitationnel si puissant que même la lumière ne peut résister à sa force d'attraction. Le vide sombre du trou noir est entouré par un tourbillon d'étoiles, de gaz et de poussières, qui sont irrésistiblement aspirés par ce vortex gravitationnel. Ce disque de matière, aussi appelé « disque d'accrétion », permet de distinguer les contours du trou noir, une frontière connue sous le nom « d'horizon des évènements ». Dès qu'un objet franchit cette limite, il disparaît. Au-delà de ce point, nul ne sait ce qui se produit.

Boule de seulement 20 km de diamètre, l'étoile à neutrons contient deux fois la masse du Soleil. On estime à environ 2 000 le nombre d'étoiles à neutrons présentes dans la Voie lactée et les Nuages de Magellan.

ÉTOILES À NEUTRONS ET PULSARS

Une étoile en bas de l'échelle de masse est entre 1,5 et 3 fois plus massive que notre Soleil. Après une supernova de type II, le noyau de l'étoile (débarrassée de ses couches externes) s'effondre sous l'effet de la gravité. Les atomes présents dans le cœur sont compressés en petites particules appelées « neutrons », qui s'entassent étroitement pour former le type d'étoile le plus petit et le plus dense : l'étoile à neutrons. Une fois créée, celle-ci continue sa rotation à une vitesse très élevée. À cause de l'intensité de son champ magnétique, il arrive qu'elle projette des faisceaux de radiations depuis ses pôles. Combinés à la rotation, ces rayonnements créent parfois une émission pulsée d'ondes radio. Les étoiles à neutrons qui émettent de telles pulsations sont ainsi nommées des « pulsars ».

Sagittarius A est le trou noir supermassif situé au centre de notre galaxie.*

LES TROUS NOIRS SUPERMASSIFS

Un trou noir grossit et attire toujours plus de masse dans ses filets, absorbant les étoiles, les gaz et les poussières qui l'entourent. Il peut aussi se développer en fusionnant avec un autre trou noir pour en former un supermassif. La masse du trou noir présent au cœur de notre galaxie, la Voie lactée, est presque 4 millions de fois supérieure à celle du Soleil.

LE DESTIN DE L'UNIVERS

L'Univers n'a pas encore révélé toute son histoire. Nous savons seulement que l'espace continue de se déployer. Et ensuite, que se passera-t-il ? Comme nous l'avons vu, des étoiles naissent, vivent et meurent. La force gravitationnelle et l'expansion semblent contrôler l'Univers tout entier, ce qui laisse penser que tout pourrait aussi s'arrêter un jour. Mais savons-nous de quelle façon ? Voici quelques hypothèses.

Au fil de l'expansion de l'Univers, les étoiles de la séquence principale vont s'effondrer pour former des naines blanches. Même leur faible rayonnement finira par s'éteindre quand elles deviendront des naines noires. Les scientifiques ont nommé cela l'Ère de la Dégénérescence.

UNE EXPANSION INFINIE

De nos jours, l'Univers est encore assez jeune. À cette étape de son cycle, les étoiles et les galaxies peuvent exister, mais cette période d'astres lumineux ne pourra pas durer éternellement. Sous l'influence de l'énergie noire, l'expansion de l'Univers s'accélère à ses extrémités les plus éloignées. Si cette énergie noire l'emporte sur l'attraction gravitationnelle, galaxies et étoiles ne seront plus maintenues ensemble et se disperseront dans cet espace en constante extension. C'est l'évolution future de l'Univers la plus probable : une expansion infinie, au cours de laquelle tous les corps célestes dériveront en s'éloignant de plus en plus les uns des autres.

LE GRAND GEL

À mesure que son expansion se poursuit, l'Univers va se refroidir et s'assombrir. L'énergie des étoiles et des galaxies va continuer de décroître tandis que la matière qui les compose se fractionnera et deviendra plus désordonnée. Au final, dans plus de trois mille milliards d'années, toutes les étoiles de la séquence principale auront épuisé leur combustible et s'éteindront en devenant des naines noires, tandis que les étoiles de forte masse s'effondreront sous la forme d'étoiles à neutrons ou en créant des trous noirs. La lueur déclinante des étoiles laissera place à l'obscurité totale, lorsque la matière elle- même sera réduite à d'infimes particules. L'Univers finira alors complètement gelé et privé de lumière, un scénario communément appelé le Grand Gel.

jEXPLORE

SPECTRES LUMINEUX

Observe le ciel nocturne à 360° depuis la Terre et repère des galaxies lointaines en sélectionnant des gros plans télescopiques et différents spectres de lumière.